AF502625

TRAITÉ ÉLÉMENTAIRE

DE

GÉOMÉTRIE DESCRIPTIVE

THÉORIQUE ET APPLIQUÉE

CONTENANT UN GRAND NOMBRE DE PROBLÈMES GRADUÉS A RÉSOUDRE

Par ERNEST LEBON

ANCIEN ÉLÈVE DE L'ÉCOLE DE CLUNY, AGRÉGÉ DE L'UNIVERSITÉ
PROFESSEUR AU LYCÉE D'AMIENS.

PREMIÈRE PARTIE.

ENSEIGNEMENT SECONDAIRE SPÉCIAL. — 3e ANNÉE.

—

TEXTE

—

PARIS.

JULES DELALAIN & FILS, Éditeurs

56, RUE DES ÉCOLES, VIS-A-VIS DE LA SORBONNE.

TRAITÉ ÉLÉMENTAIRE

DE

GÉOMÉTRIE DESCRIPTIVE

THÉORIQUE ET APPLIQUÉE.

TEXTE.

TRAITÉ ÉLÉMENTAIRE

DE

GÉOMÉTRIE DESCRIPTIVE

THÉORIQUE ET APPLIQUÉE

CONTENANT UN GRAND NOMBRE DE PROBLÈMES GRADUÉS A RÉSOUDRE

Par Ernest LEBON

Ancien élève de l'École de Cluny, agrégé de l'Université
Professeur au lycée d'Amiens.

PREMIÈRE PARTIE.

ENSEIGNEMENT SECONDAIRE SPÉCIAL. — 3e ANNÉE.

—

TEXTE.

PARIS.

JULES DELALAIN & FILS, Éditeurs

56, RUE DES ÉCOLES, VIS-A-VIS DE LA SORBONNE.

NOMS DES LETTRES GRECQUES
EMPLOYÉES DANS CET OUVRAGE.

α	ALPHA.
β	BÊTA.
γ	GAMMA.
δ	DELTA.
ε	EPSILON.
ρ	RHO.
ω	OMÉGA.

ERRATA.

PAGES	LIGNES	AU LIEU DE	LISEZ
17	7	»	*fig.* 25
30	19	ωα	ω*a*
41	5	*ab*, *a′b′*	*oa*, *o′a′*; *ob*, *o′b′*
90	22	*ee′*	*n′e′*

PRÉFACE.

Un Ministre justement aimé et regretté, sachant apprécier que la richesse d'un peuple réside dans son agriculture, son commerce et son industrie, réforma l'enseignement dit *professionnel*, ou mieux, le remplaça par un autre, *l'Enseignement secondaire Spécial*, plus approprié aux besoins de notre époque. On ne demande plus maintenant ce qu'est cet enseignement : on en voit l'utilité par les services qu'il rend. Le nombre des élèves qui suivent ses cours augmente chaque année. Les épreuves des examens et des concours qui s'y rapportent deviennent de plus en plus difficiles, par suite de plus en plus sérieux. Aussi avant peu l'industrie recrutera-t-elle ses meilleurs auxiliaires parmi les premiers sujets des classes de 3e et de 4e Année.

Lors de la publication des programmes de cet enseignement, des livres furent rédigés par des professeurs d'un mérite reconnu ; et c'est avec plaisir que ces ouvrages ont été mis entre les mains des élèves. Mais la difficulté des examens ayant augmenté, de nouveaux développements sont devenus nécessaires ; et il faut des livres en harmonie complète avec les exigences actuelles de cet enseignement. Puisse ce Traité de Géométrie Descriptive atteindre ce but. Il ne contient rien de fondamental qui soit nouveau; le seul mérite que je puisse revendiquer, c'est de m'être bien pénétré des méthodes et des idées exposées par Monge, Hachette, Leroy, Olivier, M. de la Gournerie, dont les noms sont à jamais inscrits dans l'histoire des Sciences. Je me suis attaché à mettre de la clarté et de la simplicité dans l'exposition des principes et des méthodes généralement employées. J'ai développé, dans leur ordre, toutes les questions du programme de l'Enseignement secondaire Spécial; et j'ai donné, en outre, les solutions sommaires de celles qu'il sous-entend. Chaque question théorique étant suivie de ses applications importantes, l'élève étudie avec plaisir et retient mieux une science dont il reconnaît l'utilité par son usage constant dans les arts.

Le lecteur voudra bien me permettre d'entrer dans quelques détails sur le plan que j'ai suivi.

Cet ouvrage renferme trois espèces de questions qui marchent de front et dont l'ensemble constitue un cours assez complet pour qu'un élève qui l'aura bien suivi ne puisse pas rencontrer de difficultés qui l'arrêtent. Ces questions sont :

1° Tous les Principes qu'il est nécessaire de savoir, et dont la connaissance permet de résoudre la plupart des problèmes élémentaires. Les quinze premiers chapitres initient les élèves aux trois méthodes générales de changements de plans de projections, de rabattements de plans et de rotations, en traitant bon nombre de questions par des cas particuliers simples de ces méthodes. Je trouve un avantage sérieux à enseigner ainsi la Géométrie Descriptive, et j'ai vu beaucoup d'élèves aborder sans difficulté, presque deviner, les raisonnements qui sont faits plus loin dans l'exposition complète de ces trois méthodes générales. Je n'ai pas négligé de me conformer aux idées nouvelles d'après lesquelles on cherche, toutes les fois qu'il est possible, à traiter les questions avec les données qui s'y rapportent ; par exemple, je me suis servi des solutions élégantes qui permettent de se passer des traces des plans déterminés par des droites qui se coupent.

2° Les *Applications* de la Géométrie Descriptive placées à la suite des questions théoriques auxquelles elles se rattachent. Cette disposition me paraît très-bonne pour un livre qui ne doit être ni une exposition sèche de principes, ni un Cours complet de Stéréotomie. Je les ai développées aussi succintement que le demande un ouvrage élémentaire, sans rien omettre toutefois des détails importants de la pratique. Il en résulte que l'élève qui, par la suite, aurait besoin de consulter un traité de Stéréotomie, en comprendrait facilement toutes les constructions et explications.

3° *Des Problèmes gradués à résoudre,* au nombre de 207 dans les vingt-deux chapitres publiés à présent, rédigés de telle sorte que la connaissance seule des principes qui les précèdent permet de les résoudre. Cette manière de les placer donne à l'élève le moyen d'appliquer immédiatement ce qu'il a appris et le grave mieux dans son esprit. Il y en a deux espèces. Les uns sont des questions analogues à celles du cours, tellement simples et en procédant si directement, qu'il vaut mieux laisser l'élève les trouver lui-même que de les lui résoudre ; du reste, s'ils sont trop difficiles, j'en indique brièvement la solution, de manière que l'élève, tout en étant encore obligé de chercher par lui-même, a moins de peine à exécuter l'épure demandée. Les autres problèmes sont numériques, et tels qu'on en propose ordinairement aux examens du baccalauréat, du diplôme, aux concours des Lycées et Colléges, à ceux d'entrée aux Ecoles Saint-Cyr et Navale.

Je publie aujourd'hui la *Première Partie* de mon ouvrage comprenant le programme de 3e *Année,* et quelques autres questions qui s'y rattachent. La *Seconde Partie* comprendra le programme de 4e *Année.* Elle est rédigée dans le même esprit et avec le même soin que la première ; je n'attends pour la publier qu'un accueil favorable fait à celle-ci, et la certitude que mon travail doit être utile.

GÉOMÉTRIE DESCRIPTIVE

THÉORIQUE ET APPLIQUÉE.

PREMIÈRE PARTIE.

I

BUT ET UTILITÉ DE CETTE SCIENCE.

1. Soit à faire sur une surface plane un dessin linéaire dont le modèle est donné. Par amplification ou réduction des lignes du modèle, on pourra reproduire une figure semblable à celle qui est proposée. Inversement, on donne une idée complète d'une figure plane en la dessinant à une certaine échelle. Mais un solide ne peut se représenter ainsi. D'ailleurs, les dessins *à vue* qu'on fait des corps ne sont que des *images*, où les positions relatives et les longueurs des diverses parties de l'objet sont irrégulièrement altérées. Or, pour faciliter les constructions d'architecture, de machines, etc., il est utile, et même indispensable, de représenter à l'avance sur le papier les corps avec leurs dimensions et positions. De là l'emploi de la *méthode des*

1.

projections, vers le xve siècle, pour la représentation exacte des voûtes à construire. Pendant les siècles suivants, de *La Rue* et d'autres architectes publièrent des traités pratiques sur l'art des constructions; mais leurs travaux manquent de méthode générale; aucune théorie ne démontre les procédés graphiques employés, qui du reste diffèrent pour chaque coupe de pierre ou de bois. C'est GASPARD MONGE (1746-1818) qui, le premier, eut l'idée ingénieuse de faire reposer sur une théorie claire et simple, et de ramener à une même solution, toutes les méthodes graphiques jusqu'alors regardées comme distinctes, parce qu'on ne les appliquait pas de la même manière à des arts différents. LA GÉOMÉTRIE DESCRIPTIVE, *science qui a pour base la méthode des projections*, qu'il enseigna à l'École Polytechnique et aux Écoles Normales en 1795, *permet de résoudre sur un plan toutes les questions de la Géométrie plane ou dans l'espace.* Elle ramène à une même théorie toutes les questions de coupe de pierres, de charpente, d'architecture, de sculpture, de construction de machines. Cette belle science, si féconde en applications, comprend deux parties : 1° l'exposition des principes servant à représenter sur un plan le point, les lignes, les surfaces, à déterminer les solutions graphiques des problèmes de géométrie ; 2° l'application aux sciences et aux arts des procédés résultant de ses théories.

CONVENTIONS ADOPTÉES POUR LA REPRÉSENTATION DES CORPS.

2. La Géométrie descriptive emploie la méthode des *Projections orthogonales*. Elle suppose le corps placé dans l'un des angles dièdres de deux plans indéfinis qui se coupent à angle droit (*fig.* 1). Le plancher d'une salle et

l'un de ses murs latéraux peuvent donner une idée de ces deux plans. En général, l'un des plans est supposé horizontal; donc l'autre est vertical. De là les noms de *plan horizontal* P H, et de *plan vertical* P V, donnés respectivement aux plans des projections, quelle que soit leur position dans l'espace. Leur intersection L T s'appelle *ligne de terre*. Ils forment en se rencontrant quatre angles dièdres droits opposés deux à deux par l'arête L T. Comme on a quelquefois à représenter des corps coupés par la ligne de terre, il a été utile de nommer chacun des angles : antérieur supérieur (1); postérieur supérieur (2); postérieur inférieur (3); antérieur inférieur (4). En général, on suppose les corps entièrement situés dans l'angle antérieur supérieur.

3. On rapporte les objets aux plans de projections, en abaissant de tous leurs points des perpendiculaires sur chacun d'eux; ces perpendiculaires s'appellent *projetantes* des points; chaque pied est la *projection* d'un point; l'ensemble des pieds, ou mieux le *lieu* des pieds, forme deux figures qui sont dites l'une *projection horizontale*, l'autre *projection verticale* de l'objet. Comme on ne pouvait conserver les deux plans dans leur position perpendiculaire, on a rabattu le plan vertical sur le plan horizontal, en le faisant tourner autour de la ligne de terre, de sorte qu'un observateur, situé dans l'angle antérieur supérieur (1) et regardant le plan vertical, voit sa partie au-dessus de la ligne de terre tourner dans l'angle postérieur supérieur (2) et sa partie au-dessous de cette ligne, tourner dans l'angle antérieur inférieur (4). On a ainsi deux figures qui sont les projections du corps; la projection verticale d'un point situé dans l'angle antérieur supérieur est au-dessus de la ligne de terre; sa projection horizontale est au-dessous de cette ligne. Un dessin ainsi obtenu s'appelle *épure*.

4. Pour résoudre une question par la Géométrie descriptive, il est toujours bon de se figurer le corps dans l'espace, et de se rendre compte des constructions qu'on y fait, avant d'appliquer les principes de cette science.

II

LE POINT.

5. Soit un point A situé au-dessus du plan PH (*fig.* 2). On mène la perpendiculaire Aa à ce plan. Son pied a, projection de A, indique que A est sur la perpendiculaire indéfinie Aa; mais il ne fait pas connaître à quelle distance de ce plan se trouve A. Un point n'est donc pas déterminé par une seule projection ; il l'est par les projections a et a' sur deux plans rectangulaires PH et PV. En effet, les perpendiculaires Aa, Aa', étant dans le même plan, se rencontrent nécessairement au point A. On est convenu de mettre un accent (′) aux projections verticales; et d'indiquer les projections par les *minuscules* qui correspondent aux *majuscules* des points de l'espace.

6. Le plan aAa', perpendiculaire à chacun des plans de projections, les coupe suivant les droites $a\alpha$, $\alpha a'$, perpendiculaires à la ligne de terre au point α. Donc si on rabat le plan vertical PV sur le plan horizontal PH, la ligne $\alpha a'$ restant toujours dans la rotation perpendiculaire à la ligne de terre LT, se place sur la ligne αa. Par suite, l'épure qui représente un point A de l'espace (*fig.* 3), est composée de deux projections a et a', qui sont *nécessairement* sur une même perpendiculaire à ligne de terre LT. Cette condition

est *suffisante* pour que deux points d'une épure représentent un point de l'espace. En effet, en supposant le plan vertical ramené dans sa position primitive (*fig.* 2), le plan $a \alpha a'$ sera perpendiculaire à la ligne de terre LT, et les perpendiculaires en a et a' aux plans de projections, situées dans le plan $a \alpha a'$, se rencontreront en un point A, qui aurait pour projections a et a'. D'où on conclut que sur une épure :

1° *Un point de l'espace a ses projections sur une même perpendiculaire à ligne de terre ;*

2° *Deux points situés sur une même perpendiculaire à la ligne de terre représentent un point de l'espace.*

Nota. Au lieu de dire : soit le point A, on dit souvent : soit le point aa'.

7. La figure $Aa\alpha a'$ étant un rectangle donne : $Aa = \alpha a'$; $Aa' = \alpha a$. D'où ce principe très-important :

THÉORÈME.

La distance d'un point de l'espace à l'un des plans de projections est égale à la distance de sa projection sur l'autre plan à la ligne de terre.

8. On peut dès lors résoudre les deux problèmes suivants :

PROBLÈMES.

1° *Déterminer les projections d'un point dont les distances aux plans de projections sont données ;*

2° *Étant données les projections d'un point, déterminer ses distances aux plans de projections.*

DIVERSES POSITIONS D'UN POINT.

9. Un point peut être dans l'un des quatre angles dièdres formés par les plans de projections. On a donné (*fig.* 4) les

positions A_1 A_2 A_3 A_4 d'un point situé dans chacun des angles (1), (2), (3), (4). On suppose le plan vertical rabattu sur le plan horizontal comme il a été expliqué (*n*° 3); les flèches indiquent le sens de la rotation des deux parties du plan vertical se rabattant sur le plan horizontal. Il est donc facile de se rendre compte des épures donnant les projections des quatre points proposés (*fig*. 5).

APPLICATION.

Changements de Plans de projections. Leur utilité.

10. *Connaissant les projections d'un point sur deux plans de projections, remplacer le plan vertical primitif par un nouveau plan vertical.*

La rencontre L_1T_1 (*fig*. 6) de ce nouveau plan vertical avec le plan horizontal donné devient la nouvelle ligne de terre. La projection horizontale est encore a. La nouvelle projection verticale du point est sur la perpendiculaire $a\alpha_1$ à L_1T_1, à une distance $\alpha a'_1 = \alpha a'$; car le point est resté à la même distance du plan horizontal (*n*° 7).

11. On ferait d'une manière analogue un changement de plan horizontal. Mais alors on prend ordinairement un nouveau plan horizontal parallèle à l'ancien ; donc la nouvelle ligne de terre L_1T_1 est parallèle à LT (*fig*. 7). Et si on suppose le rabattement des plans de projections fait comme il a été dit (*n*° 3), la distance aa_1 entre les deux projections horizontales est égale à celle $\alpha\alpha_1$ entre les deux lignes de terre.

12. Les changements de plans de projections servent à faciliter la solution de beaucoup de questions.

PROBLÈMES A RÉSOUDRE.

1. Expliquer et faire les projections d'un point situé : 1° sur le plan horizontal ; 2° sur le plan vertical ; 3° sur la ligne de terre ; 4° dans un des plans bissecteurs des angles dièdres des plans de projections.

2. Construire les projections d'un point situé dans l'angle antérieur supérieur, sachant que ses distances aux plans de projections vertical et horizontal sont respectivement 3cm. et 5cm.

3. Trouver la nouvelle projection de ce point sur un plan vertical faisant un angle de 90° avec l'ancien, et situé à 4 cm. du point.

III

LA LIGNE DROITE.

DÉFINITION.

13. La projection d'une ligne sur un plan est le lieu des pieds des perpendiculaires menées de ses divers points sur le plan.

THÉORÈME.

14. *La projection d'une ligne droite sur un plan est une ligne droite.*

Soit un plan PH et une droite AX de l'espace (*fig*. 8). Le point A s'y projette en a. Le plan XAa, passant par la perpendiculaire Aa au plan PH, lui est perpendiculaire et le coupe suivant la droite ax. Or, si on projette un point B de AX sur le plan PH, la projetante Bb devant être dans le plan XAa aura son pied b sur ax; donc ax est la projection de la droite AX sur le plan PH.

NÉCESSITÉ DE DEUX PLANS DE PROJECTIONS.

15. La projection ab d'une droite AB sur un plan s'obtiendra donc en joignant les projections a et b de deux de ses points A et B. Mais cette projection ab ne suffit pas

pour déterminer la droite AB de l'espace; car elle est la projection de toutes lignes droites ou courbes situées dans le plan BA*ab*, appelé *Plan projetant*. Si on prend un plan vertical PV perpendiculaire au plan horizontal PH (*fig.* 9), on aura deux projections *ab*, *a'b'* de la droite qui la détermineront; en effet, la droite AB sera l'intersection des deux plans A*ab*, A*a'b'* respectivement perpendiculaires aux plans de projections.

ÉPURE REPRÉSENTANT UNE DROITE.

16. Si on rabat le plan vertical sur le plan horizontal, les points *a* et *a'*, *b* et *b'*, se placent sur les perpendiculaires *aαa'*, *bβb'* à la ligne de terre, de sorte que la droite AB est représentée sur l'épure par les lignes *ab*, *a'b'* (*fig.* 10). Une perpendiculaire *cc'* à la ligne de terre donne les projections *c* et *c'* d'un point C de la droite.

17. Inversement. *Deux droites tracées sur une épure déterminent une droite de l'espace.* Soient les deux droites *m* et *m'* tracées sur une épure (*fig.* 11). Menons par ces droites des plans perpendiculaires aux plans de projections, supposés dans leur position primitive. Ces plans se rencontrent *en général* suivant une droite M qui aurait pour projections celles qui sont données *m* et *m'*.

18. Il y a exception pour deux cas :

1° Quand les droites tracées sur l'épure sont perpendiculaires à la ligne de terre en des points différents ; car les plans projetants étant perpendiculaires à la ligne de terre LT sont parallèles entre eux (*fig.* 12) ;

2° Quand les deux droites données sur l'épure sont perpendiculaires à la ligne de terre LT au même point ; car elles représentent une droite située dans un plan perpendiculaire à la ligne de terre, et par suite toutes les figures situées dans ce plan. On détermine alors la droite considérée en donnant les projections aa', bb' de deux de ses points A et B (*fig.* 13).

POSITIONS PARTICULIÈRES D'UNE DROITE.

19. Une droite peut occuper, par rapport aux plans de projections, diverses positions particulières. Voici les principales :

20. 1° *La droite est parallèle à l'un des plans de projections.*

Sa projection sur l'autre plan est parallèle à la ligne de terre ; la ligne ab, $a'b'$ est parallèle au plan horizontal ; la ligne cd, $c'd'$ est parallèle au plan vertical (*fig.* 14) ; car la ligne de terre et la projection qui lui est parallèle sont les intersections de deux plans parallèles par un troisième.

21. 2° *La droite est parallèle à la ligne de terre.*

Ses deux projections sont parallèles à cette ligne, car la droite est parallèle à chacun des plans de projections (*fig.* 15).

22. 3° *La droite est perpendiculaire à l'un des plans de projections.*

Sa projection sur ce plan est un point ; sa projection sur l'autre est une perpendiculaire menée de ce point à la ligne de terre : $a, a'b'$ est une droite perpendiculaire au plan horizontal ; cd, c' est une droite perpendiculaire au plan vertical (*fig.* 16).

23. 4° *La droite est dans un plan perpendiculaire à la ligne de terre*, autrement dit, *la droite est dans un plan de profil.*

Alors les projections sont sur une même perpendiculaire à la ligne de terre ; et pour qu'elles déterminent la droite considérée, il faut connaître les projections de deux de ses points : aa', bb' (*fig.* 13) (*n°* 18, 2°).

24. **Nota.** Les réciproques de ces quatre questions sont vraies. Le lecteur les énoncera aisément.

THÉORÈME.

25. *Une droite limitée, parallèle à un plan, s'y projette en vraie grandeur.*

Soit AB parallèle au plan P sur lequel sa projection est ab; la figure ABba étant un rectangle donne : ab=AB (*fig.* 17).

THÉORÈME.

26. *Les projections sur un plan de deux droites parallèles sont parallèles.*

Soient AB et CD parallèles entre elles (*fig.* 18) projetées sur le plan PH en ab et cd; ces deux dernières lignes sont parallèles entre elles comme intersections de deux plans parallèles (les plans projetants de AB et de CD) par un troisème (le plan PH).

CONSÉQUENCE.

27. *Les projections de mêmes noms de deux droites parallèles sont parallèles.*

Soient PH et PV les deux plans de projections (*fig.* 19). On vient de voir que ab et cd sont parallèles; il en est de même de $a'b'$ et $c'd'$.

RÉCIPROQUE.

28. *Si les projections de mêmes noms de deux droites sont parallèles sur l'épure, les droites représentées sont parallèles.*

Soient ab et cd, $a'b'$ et $c'd'$ respectivement parallèles (*fig.*18). Les plans parallèles indéfinis ABab et CDcd (*fig.* 19) sont rencontrés par le plan indéfini CD$c'd'$ suivant les parallèles CD, EF; on démontre de même que AB est parallèle à EF; donc AB est parallèle à CD.

THÉORÈME.

29. *Lorsque deux droites se coupent dans l'espace, leurs projections de mêmes noms se coupent sur l'épure, de manière que leurs points d'intersection sont sur une même perpendiculaire à la ligne de terre.*

Car le point O de rencontre des droites (*fig.* 20) est un point de l'espace qui doit avoir ses projections *o* et *o'* sur une même perpendiculaire *oo'* à la ligne de terre. Du reste comme O appartient aux deux droites, sa projection horizontale *o* est la rencontre de leurs projections horizontales; sa projection verticale *o'* est celle de leurs projections verticales.

30. *La* Réciproque *est vraie*, car les projections des droites, déterminant un point situé sur chacune d'elles il en résulte qu'elles se rencontrent en ce point.

31. Remarque. Mais si la rencontre des projections deux à deux n'est pas sur une même perpendiculaire à la ligne de terre, les droites représentées ne se coupent pas dans l'espace.

32. Observation. L'angle de deux droites qui se coupent n'est pas en général projeté en vraie grandeur. Mais un angle de l'espace qui a ses côtés parallèles à un plan s'y projette en vraie grandeur; car cet angle et sa projection forment deux angles ayant leurs côtés parallèles et dirigés dans le même sens.

PROBLÈME.

33. *Étant données les projections d'une droite, faire un changement de plan vertical ou de plan horizontal.*

Il suffit de faire pour deux points de la droite ce qui

a été expliqué (nos 10 et 11) pour obtenir la nouvelle projection verticale ou horizontale d'un point.

PROBLÈMES A RÉSOUDRE.

4. La distance de deux points A et B aux plans de projections sont : $A a = 5^{cm.}$, $B b = 8^{cm.}$, $A a' = 4^{cm.}$, $B b' = 7^{cm.}$ Dessiner les projections de A B sachant que la distance entre aa' et $b b'$ est de $3^{cm.}$ et en supposant : 1° que A et B sont dans l'angle (1) ; 2° que A est dans l'angle (1) et B dans l'angle (2) ; 3° que A est dans l'angle (2) et B dans l'angle (4).

5. Dessiner les projections d'une droite située dans les plans bissecteurs des angles dièdres des plans de projections. Dire la position des projections par rapport à la ligne de terre. Examen du cas où la droite serait en même temps parallèle à la ligne de terre.

6. Dessiner les projections d'une droite située dans l'un des plans de projections.

7. Dessiner les projections d'un triangle équilatéral de 4^{m} de côté, parallèle au plan horizontal, ayant un côté parallèle au plan vertical. Son centre qui est dans l'angle antérieur supérieur est distant de 5^{m} du plan vertical et de 3^{m} du plan horizontal.

8. Prendre un nouveau plan vertical faisant un angle de 45° avec celui qui est donné, et y projeter le triangle.

9. Faire la remarque relative à la position de la nouvelle projection horizontale d'une droite par rapport à l'ancienne, quand le plan horizontal est transporté parallèlement à lui-même.

10. Étant données les projections d'une droite limitée, faire remarquer ce qui arrive quand on prend un nouveau plan vertical parallèle à la droite.

11. *Théorème.* Lorsqu'un angle droit a un de ses côtés parallèle à un plan, il s'y projette en vraie grandeur.

12. D'un point donné mener une perpendiculaire à une droite donnée en faisant usage d'un changement de plan, et en appliquant le théorème précédent.

IV

REPRÉSENTATION DES POLYÈDRES.

---

34. Les faces des polyèdres étant limitées par des arêtes, il suffit de représenter ces arêtes pour déterminer ces corps. On a donc les connaissances suffisantes pour représenter les solides et les ensembles de pièces à arêtes vives. On supposera qu'*ils sont posés par une de leurs faces sur le plan horizontal*.

LE CUBE.

35. Sa base inférieure est à elle-même sa projection horizontale *abcd* (*fig.* 21 et 22), car les quatre arêtes qui la limitent sont sur le plan horizontal; les arêtes latérales se projettent aux points *a*, *b*, *c*, *d*, car elles sont perpendiculaires au plan horizontal; il en est de même de leurs extrémités E, F, G, H; de sorte que la base supérieure a pour projection horizontale *abcd*. Les sommets A, B, C, D, situés sur le plan horizontal ont leurs projections verticales a', b', c', d', sur la ligne de terre; donc $a'b'c'd'$ est la projection verticale de la base inférieure. Les arêtes latérales étant égales et verticales se projettent suivant les lignes $a'e'$, $b'f'$, $c'g'$, $d'h'$, égales au côté du cube et perpendiculaires à la ligne de terre; par suite la parallèle $e'f'g'h'$ à cette ligne est la projection verticale de la base supérieure.

CHANGEMENT DE PLAN VERTICAL DE PROJECTIONS.

36. Le nouveau plan vertical est parallèle à l'une des facesdu cube. Donc L_1T_1 est parallèle à ab (*fig.* 23). La projection horizontale est encore $abcd$. La projection verticale nouvelle, obtenue par un raisonnement analogue au précédent, est le carré $a'_1b'_1e'_1f'_1$.

CHANGEMENT DE PLAN HORIZONTAL DE PROJECTIONS.

37. Soit L_2T_2 la nouvelle ligne de terre (*fig.* 24). La projection verticale $a'c'g'e'$ reste la même. Les sommets de la nouvelle projection horizontale sont sur des perpendiculaires à L_2T_2 partant des sommets de la projection verticale. Les distances des nouvelles projections horizontales des sommets à la nouvelle ligne de terre L_2T_2 sont les mêmes que celles des anciennes projections horizontales à l'ancienne ligne de terre LT; donc en prenant $\alpha a_2 = aa'$, $\beta b_2 = bb'$, etc., et en joignant convenablement les huit points obtenus, on a la projection horizontale cherchée.

OBSERVATION IMPORTANTE.

38. Pour rendre les épures plus claires, on y fait une distinction entre les *parties vues* et les *parties cachées*. On suppose un observateur placé à une distance infinie et regardant suivant les projetantes de chaque point. Si le rayon visuel arrive à un point du solide sans le traverser, la projection correspondante est *vue ;* sinon, elle est *cachée*. Il n'y a de *ligne vue* que celle joignant deux points vus : sa projection est un *trait plein*. Les lignes cachées ont leurs projections formées d'une suite de *points ronds*. Comme l'observateur regarde successivement suivant des perpendiculaires à chaque plan de projections, une arête vue sur

un plan peut être cachée sur l'autre. Les plans de projections n'étant pas supposés transparents, il ne peut y avoir de points visibles que dans l'angle antérieur supérieur.

39. Les parties vues ou cachées du cube ont été marquées d'après les conventions précédentes.

LE PRISME DROIT.

40. Les explications sont les mêmes que celles relatives à la représentation du cube.

LA PYRAMIDE RÉGULIÈRE.

41. La projection horizontale s du sommet est le centre de la base $abcde$ (*fig.* 26). Sa projection verticale s' est sur la perpendiculaire ss_1 à LT, à une distance s_1s' égale à la hauteur de la pyramide. Donc les projections horizontales des arêtes sont sa, sb, etc.; et leurs projections verticales sont $s'a'$, $s'b'$, etc.

LA PYRAMIDE OBLIQUE.

42. 1° *La pyramide est à base triangulaire ; on donne ses six arêtes. Il faut calculer la hauteur et trouver la projection horizontale du sommet.*

Soit la pyramide SABC (*fig.* 27). Nous rabattons sur le plan de la base les faces SAB, SBC, en les faisant tourner autour de AB et de BC. Les perpendiculaires SK et SH à AB et à BC se rabattent suivant les perpendiculaires S_1K et S_2H à AB et BC. Or, Ss étant la hauteur de la pyramide, Ks et Hs sont perpendiculaires à AB et à BC. Donc les lignes sKS_1, sHS_2 sont droites et perpendiculaires à AB et à BC; leur rencontre est le pied s de la hauteur sur le plan de la base ABC.

Par suite, sur l'épure (*fig.* 28), le triangle abc, égal à ABC, est la projection horizontale de la base. On construit facilement les triangles as_1b, bs_1c, dont on connaît les côtés AB, BC, SA, SB, SC. Les perpendiculaires ss_1, ss_2, aux côtés ab, bc, se rencontrent en s qui est la projection horizontale du sommet. Les lignes sa, sb, sc, sont les projections horizontales des arêtes latérales. Comme la hauteur est un côté Ss de l'angle droit d'un triangle rectangle SsK dont on a l'hypoténuse SK$=ks_1$ et le côté K$s=ks$, nous l'obtenons en Is_1 par la construction indiquée sur l'épure. En portant sur la perpendiculaire ss_3 à LT la longueur $s_3s'=$Is_1, on obtient la projection verticale s' du sommet; d'où on déduit celle des arêtes $s'a'$, $s'b'$, $s'c'$.

43. 2° *La pyramide est à base polygonale.*

Si on connaît la base et trois arêtes latérales consécutives, on trouve la projection horizontale du sommet et la hauteur, par des constructions analogues aux précédentes.

LE PRISME OBLIQUE.

44. 1° *Le prisme est à base triangulaire.*

Un plan AEC (*fig.* 29) donne la pyramide EABC de même base et de même hauteur que le prisme. On mesure la base ABC, le côté EB et les diagonales AE, CE. Ces longueurs permettent de trouver les projections $eabc$, $e'a'b'c'$ de la pyramide (*fig.* 30). Menons ad, cf, égales et parallèles à eb; ce sont les projections horizontales des arêtes latérales; def est celle de la base supérieure. En prenant $a'd'$, $c'f'$ égales et parallèles à $e'b'$, nous obtenons les projections verticales des arêtes latérales et de la base supérieure. Vérification : la ligne $d'e'f'$ est parallèle à LT; les droites dd', ee', ff' sont perpendiculaires à LT.

45. ° *Le prisme est à base polygonale.*

On fait des constructions analogues aux précédentes.

46. Remarque. Les constructions qu'on fait pour déterminer les projections d'un solide dépendent évidemment des données de la question. Elles pourront donc différer de celles qui sont indiquées ici.

PROBLÈMES A RÉSOUDRE.

13. Représenter un cube posé sur le plan horizontal par sa face ABCD (*fig.* 21) sachant que son arête a 36^{mm}, que le côté AD fait un angle de 38° avec la partie gauche de la ligne de terre, et que le point D, le plus rapproché du plan vertical, en est distant de 20^{mm}. — Sur la même épure, faire une nouvelle projection verticale en prenant un plan vertical parallèle à DC et à une distance de 50^{mm} de cette ligne. — Puis, conservant la première projection verticale, trouver la projection du cube sur un nouveau plan horizontal faisant un angle de 65° avec l'ancien et situé à 60^{mm} du sommet D. — Faire les remarques relatives au parallélisme des projections des côtés, soit entre elles, soit avec la ligne de terre.

14. Représenter un prisme oblique dont la base est un pentagone régulier reposant sur le plan horizontal (*fig.* 31). Le rayon de la base vaut 3^{m}. La distance du centre à la ligne de terre est égale à 10^{m}. Le côté AB, le plus éloigné de la ligne de terre, lui est parallèle. L'arête du prisme vaut 8^{m}. L'arête AF fait des angles de 56° et de 65° avec AE et EB. — Déterminer les projections du centre de gravité de ce prisme. — Faire un changement de plan vertical parallèle aux arêtes du prisme, le nouveau plan vertical étant à 5^{m} du point A.

V

DES ASSEMBLAGES.

46. La représentation des *Assemblages* et des *Charpentes* ordinaires est une application de la ligne droite, puisqu'il ne s'agit que de faire les projections de pièces de bois prismatiques. Au moyen d'une épure complète d'un assemblage, le charpentier ou le menuisier pourra le construire en bois sans aucun tâtonnement.

47. On appelle *Assemblage* la réunion de deux pièces de bois. En général, on emploie des pièces ayant la forme de parallélipipèdes rectangles dont la base diffère peu d'un carré. On appelle *axe* d'une pièce la ligne qui est supposée joindre les centres de deux sections droites. On doit toujours assembler les pièces de telle sorte que leurs axes se rencontrent, afin d'éviter que par suite des pressions, l'une pirouette sur l'autre. On nomme *équarrissage* le carré ou le rectangle de section droite. Les *faces de parements* sont celles parallèles au plan des axes. Les autres sont dites *faces d'assemblage*.

48. On représente les assemblages par leurs projections sur deux plans perpendiculaires; le plan horizontal est parallèle aux faces de parements, le plan vertical aux faces d'assemblage. Après avoir dessiné la projection horizontale,

les maîtres charpentiers donnent *quartier à la pièce*, c'est-à-dire, la font tourner d'un *quart de cercle*, pour la dessiner sur le même plan. Il est évident que cela revient à faire une projection sur un plan vertical parallèle aux faces d'assemblage.

49. Comme il existe un grand nombre de manières d'assembler deux pièces de bois, nous ne définirons que les principales. On met des *hachures* sur les parties non parallèles aux fibres du bois. Des lettres accentuées A′, B′, désignent la figure obtenue après avoir donné quartier à la pièce dont la projection horizontale est désignée par A, B.

1° ASSEMBLAGE A TENON ET MORTAISE.

50. Les axes des deux pièces A et B (*fig.* 32) se rencontrent à angle droit. Le *tenon tt′* est un appendice à forme prismatique; la *mortaise m* est la cavité où se loge le tenon. A′ et B′ figurent les pièces après qu'on leur a donné quartier.

51. Les axes peuvent se rencontrer obliquement (*fig.* 33). Le tenon est alors tronqué par un plan *mh* perpendiculaire à la face d'entrée de A.

2° IDEM AVEC EMBRÈVEMENT.

52. Pour augmenter la solidité de l'assemblage précédent, on fait entrer dans la pièce B une partie de A; il y a donc en avant du tenon une saillie prismatique triangulaire de même épaisseur que B ou bien *encastrée* dans B (*fig.* 33); cette saillie se nomme *embrèvement*. On a représenté en A′ et en B′ les pièces auxquelles on a donné quartier.

3° ASSEMBLAGE A HOULICE.

53. On appelle *houlice* le tenon triangulaire t ou t_1 qui réunit une pièce verticale B ou B_1 à une pièce inclinée A. Le tenon t_1 est embrevé (*fig.* 34).

4° TENONS AVEC RENFORTS.

54. Lorsque la pièce horizontale B ou B_1 (*fig.* 35), assemblée à tenon et mortaise, est destinée à supporter une charge considérable, on fait le tenon plus large à sa base qu'à son extrémité ; B a un *renfort carré ;* B_1 a un *renfort en chaperon.*

5° ASSEMBLAGE A QUEUE D'HIRONDE.

55. On dit aussi : *à queue d'Aronde* (*fig.* 36). Les axes des deux pièces se rencontrent à angle droit ou obliquement. Le tenon de B est un prisme dont la base est un trapèze tt' ; sa saillie n'est qu'à *mi-bois,* ce qu'indique B′ ; il a une face commune avec B et A. Cet assemblage est destiné à résister aux tractions suivant la longueur de B.

6° ASSEMBLAGE D'ONGLET AVEC TENONS.

56. Il se fait quand deux pièces se rencontrent à angle droit et se terminent à leur rencontre. On l'appelle souvent *assemblage en équerre.* Il peut être à queue d'hironde. En t sont des espaces où se logent les tenons t_1. Les pièces ainsi assemblées ont généralement le même équarrissage (*fig.* 37).

7° DES MOISES.

57. On appelle *Moises* (*fig.* 38), deux pièces jumelles qui embrassent d'autres pièces principales pour les relier solidement entre elles. Ici on a relié un tirant horizontal T et un arbalétrier incliné A, avec embrèvement. Les deux moises, projetées en M, et auxquelles on a donné quartier en M′, sont entaillées à *mi-bois* et boulonnées.

8° DES ENTURES.

58. *Enter* deux pièces, c'est les réunir longitudinalement par des entailles appelées *Entures*. La partie pénétrante est dite *Ente*. Il y a plusieurs espèces d'entures. Nous représentons (*fig.* 39) celle dite *Traits de Jupiter*, qui sert à réunir deux pièces horizontales. On les entaille suivant des formes anguleuses *abcdef*, *abhgcf*, laissant entre elles un espace *cdhg* pour permettre l'entrée réciproque des angles saillants de A et de B; une *clef* D, introduite de force dans cet espace, maintient solidement les deux pièces l'une contre l'autre. Un tel assemblage résiste à des tractions horizontales.

PROBLÈMES A RÉSOUDRE.

15. Représenter les assemblages suivants, et donner quartier aux pièces.

1° *Assemblage à Tenon et Mortaise;* les axes sont perpendiculaires. Equarrissage de A qui porte le tenon : 15cm. sur 15. Equarrissage de B : 12cm. sur 12. Longueur du tenon : 2/3 de la largeur de B. Epaisseur du tenon : 1/3 de celle de B. La largeur du tenon est égale à celle de A.

16. 2° *Assemblage à Queue d'Hironde;* les deux pièces ont même équarrissage : 12cm. sur 12. Le tenon, qui appartient à A, est d'une longueur égale aux 2/3 de la largeur de B. La petite base du trapèze égale 8cm.; sa grande base vaut 12cm.

17. 3° *Moises ;* l'équarrissage du tirant est 12cm., de l'arbalétrier 10cm. et des moises 10cm. sur 6. Le tirant est incliné de 40° sur l'arbalétrier.

18. 4° *Traits de Jupiter ;* l'équarrissage des pièces est 15cm.; *bc* est incliné de 70°.

VI

DES COMBLES.

---

59. Le *Comble* d'un bâtiment est un ensemble de plans inclinés devant recevoir la couverture qui le garantit contre l'intempérie des saisons. Il y a différentes espèces de combles : le plus employé est à deux *égoûts*, avec (*fig.* 40) ou sans (*fig.* 41) pignons. L'inclinaison des égoûts, variable avec les contrées et la couverture adoptée, est, en France, de 45° à 50° pour les ardoises, les tuiles et le zinc.

60. Les *Fermes* sont des pans verticaux de combles, de forme triangulaire, établis de distance en distance et reposant sur les deux murs de *longs pans*. Elles portent toutes les autres pièces du comble. Les deux fermes les plus employées sont la *Ferme simple* et la *Ferme à la Mansard*. Nous ne décrirons que la première dont la projection verticale seulement est donnée ici (*fig.* 42).

FERME SIMPLE.

61. Les trois plus grosses pièces : le *Tirant*, le *Poinçon* et les *Arbalétriers*, sont des prismes à section droite carrée ou rectangulaire. La section droite des autres pièces est généralement rectangulaire.

1° Le *Tirant* T est la plus forte des pièces ; il est horizontal et s'engage dans les murs de long pan. 2° le *Poinçon* P est assemblé verticalement à tenon et mortaise au milieu du tirant. Le rapport de la hauteur du poinçon à la demi-longueur du tirant détermine l'inclinaison des faces du toit. Ce rapport diffère très-peu de 1 dans toute la France. Une pièce de fer en forme d'étrier relie le poinçon au tirant. 3° Les *Arbalétriers* A sont également inclinés sur le tirant et s'assemblent avec lui et le poinçon à tenon et mortaise avec embrèvement.

4° Les *Contrefiches* C réunissent le poinçon aux arbalétriers. Elles sont assemblées rectangulairement à tenon et mortaise simple aux arbalétriers, et avec embrèvement au poinçon. Elles s'appuient sur le poinçon et transforment en poussées verticales les pressions obliques qui s'exercent sur les arbalétriers et qui tendent à écarter les murs parallèles du bâtiment. Les contrefiches sont situées au-dessous de la panne supérieure. 5° Les *Jambettes* J sont des pièces verticales assemblées à tenon et mortaise simple au tirant, et avec embrèvement aux arbalétriers. Elles transmettent au tirant les pressions de ces derniers. Elles sont placées au-dessous de la panne inférieure. Remarquons que toutes les poussées obliques du toit se transmettant verticalement sur les tirants, les murs de longs pans ne supportent que des pressions verticales. 6° Les *Pannes* P′ sont des pièces horizontales (perpendiculaires ici au plan vertical), placées au nombre de deux ou plus sur les arbalétriers où elles sont retenues par des chantignolles. 7° Les *Chantignolles* c′ sont de petites pièces de bois clouées sur les arbalétriers où elles sont légèrement embrevées. 8° Le *Faîtage* F est une panne horizontale placée sur les poinçons intermédiaires, et traversant les deux extrêmes. 9° La *Sablière* S est une pièce horizontale engagée dans les tirants et occupant toute la longueur des murs parallèles. 10° Les *Chevrons* C′ sont des pièces parallèles aux arbalétriers, posées sur les pannes; ils s'appuient à leur partie supérieure sur le faîtage, en s'assemblant entre eux; et à leur partie inférieure sur la sablière par un assemblage à tenon et mortaise avec embrèvement. 11° Les *Coyaux* C″ sont des petites pièces reliant le chevron au mur, et destinées à rejeter les eaux de pluies hors de la corniche. 12° La *Chanlatte* *c* est destinée à donner aux chevrons une plus grande inclinaison.

Les planches qui doivent recevoir la toiture adoptée sont clouées sur les chevrons.

PROBLÈME A RÉSOUDRE.

19. Dessiner la face ou profil d'une ferme simple d'après les données suivantes : La longueur du Tirant égale 6m·; la hauteur du Poinçon égale 2m5. Les Equarrissages des pièces sont : tirant : 0m22 sur 0,18; poinçon : 0,16 sur 0,16; arbalétrier : 0,18 sur 0,16; contrefiche : 0,12 sur 0,12; jambette : 0,12 sur 0,12; pannes : 0,15 sur 0,15; faîtage : 0,15 sur 0,12; chevrons : 0,10 sur 0,10; sablière : 0,10 sur 0,20; coyau : 0,08 sur 0,08. — Echelle : 1/20.

VII

LE PLAN.

REPRÉSENTATION D'UN PLAN.

62. Nous avons représenté les plans qui forment les faces des polyèdres par les arêtes de ces faces. Mais un *plan*, considéré indépendamment de tout solide, *se représente ordinairement par ses traces*. On appelle *traces* d'un plan ses intersections avec les plans de projections. Il y a donc la trace horizontale Pω et la trace verticale P'ω (*fig.* 43). En général, les traces se rencontrent en un point ω sur la ligne de terre : c'est le point commun aux trois plans.

Un plan est déterminé par ses traces, puisque ce sont deux de ses droites.

POSITIONS PARTICULIÈRES D'UN PLAN.

63. Un plan peut occuper des positions *particulières* par rapport aux plans de projections. Ainsi :

64. 1° *Le plan passe par la ligne de terre.*

Comme ses deux traces se confondent avec cette ligne, on détermine le plan en donnant les projections $a\,a'$ d'un de ses points A (*fig.* 44).

65. 2° *Le plan est parallèle à la ligne de terre.*

Ses deux traces P et P′ sont parallèles à cette ligne (*fig.* 45).

66. 3° *Le plan est parallèle à l'un des plans de projections.*

Il n'a alors qu'une trace qui est parallèle à la ligne de terre : c'est son intersection avec l'autre plan de projections, car cette trace et la ligne de terre sont les intersections de deux plans parallèles par un troisième (*fig.* 46). La droite P′ est la trace verticale d'un plan parallèle au plan horizontal ; P_1 est la trace horizontale d'un plan parallèle au plan vertical.

67. 4° *Le plan est perpendiculaire à l'un des plans de projections.*

Soit un plan perpendiculaire au plan horizontal. Sa trace verticale P′ω est perpendiculaire à la ligne de terre (*fig.* 47), car elle est l'intersection de deux plans perpendiculaires à un troisième. Sa trace horizontale Pω fait avec la ligne de terre un angle égal à celui du plan donné et du plan vertical, car PωT est l'angle rectiligne correspondant de l'angle dièdre de ces deux plans. — $P_1 \omega_1 P'_1$ est un plan perpendiculaire au plan vertical.

68. 5° *Le plan est perpendiculaire à la ligne de terre.*

Ses deux traces Pω, P′ω sont perpendiculaires à cette ligne au même point ω (*fig.* 48). — Un tel plan s'appelle *Plan de profil.* Il est souvent employé comme plan auxiliaire dans la résolution des problèmes.

69. Nota. Les réciproques des questions qui précèdent sont vraies. Le lecteur les énoncera aisément.

PROBLÈME.

70. *Trouver l'intersection d'une droite et d'un plan perpendiculaire à l'un des plans de projections.*

Soit un plan $P\omega P'$ perpendiculaire au plan horizontal (*fig.* 49). La projection horizontale de tous les points du plan est sur sa trace horizontale. Donc celle du point de rencontre C de la droite ab, $a'b'$ et du plan est en c où ab coupe ωP. Sa projection verticale c' est donnée par la perpendiculaire cc' à la ligne de terre.

71. **Remarque.** Une droite ou une figure située dans un plan perpendiculaire à l'un des plans de projections se projette sur ce dernier suivant la trace correspondante du plan. Si elle est dans un plan de profil, ses projections sont suivant les deux traces de ce plan.

PROBLÈME.

Rabattement d'un Plan de Profil.

72. *Rabattre sur les plans de projections un point situé dans un plan de profil.*

Soit à rabattre sur le *plan horizontal* le point aa' situé dans le plan de profil PP' (*fig.* 50). La projetante Aa perpendiculaire à la trace αP continue à l'être dans la rotation du plan autour de sa trace horizontale. D'ailleurs le point A restant toujours à la distance $Aa = \alpha a'$ de la ligne αP, vient se rabattre en A_1 sur la perpendiculaire ax à αP à une distance de a égale à $\alpha a'$. On peut obtenir A_1 en décrivant l'arc du cercle $a'I$ de centre α et de rayon $\alpha a'$ et en menant les deux perpendiculaires IA_1 à LT et aA_1 à αP. La trace verticale du plan se rabat suivant αL.

Le rabattement du point sur le *plan vertical* se fait de la même manière.

73. *Rabattement d'une droite située dans un plan de profil.* Il suffit de rabattre deux de ses points.

PROBLÈME.

Rabattement d'un plan perpendiculaire à l'un des plans de projections.

74. *Rabattre sur les plans de projections un point* aa' *situé dans un plan* $P\omega P'$ *perpendiculaire au plan horizontal* (fig. 51).

Un raisonnement analogue au précédent montre que son rabattement A_1 sur le *plan horizontal* est sur la perpendiculaire ax à ωP et à une distance de a égale à $\alpha a'$. La trace verticale $\omega P'$ se rabat suivant $\omega P'_1$ perpendiculaire à ωP. Pour avoir A_1, on peut décrire l'arc de cercle EE_1 de centre ω et mener EA_1 parallèle à ωP.

Pour rabattre le point aa' sur le *plan vertical,* on fait tourner le plan autour de $\omega P'$. Si on mène $a'E$ perpendiculaire à $\omega P'$ et qu'on suppose A joint au point E, la ligne AE, perpendiculaire à $\omega P'$, en vertu du théorème des trois perpendiculaires, l'est toujours dans la rotation du plan autour de sa trace verticale, et le point A se rabat sur le plan vertical en un point A_2 à une distance de E égale à AE. Or AE est l'hypoténuse du triangle rectangle $Aa'E$, parallèle au plan horizontal et projeté sur lui en $a\alpha\omega$. Donc $AE = a\omega$. Par suite $EA_2 = \omega\alpha$. On peut obtenir A_2 en décrivant l'arc de cercle aI de centre ω et de rayon ωa, et en menant les deux perpendiculaires IA_2 à LT et $a'A_2$ à $\omega P'$. La trace horizontale ωP du plan se rabat suivant ωL.

75. Remarque. On ferait des constructions analogues aux précédentes pour rabattre un point situé dans un plan perpendiculaireau plan vertical.

76. *Rabattement d'une droite située dans un plan perpendiculaire à l'un des plans de projections.*

Il suffit de rabattre deux de ses points.

CONSÉQUENCE DE CES PROBLÈMES.

77. Lorsqu'une *figure* est située dans un plan de profil ou dans un plan perpendiculaire à l'un des plans de projections, on obtient sa *vraie grandeur* en rabattant chacun de ses points principaux; car on a ainsi le rabattement du plan de la figure. On peut même résoudre sur le rabattement de la figure un problème proposé, et obtenir les projections des résultats par des *constructions inverses* de celles du rabattement.

APPLICATION.

78. *Intersection d'un solide par un plan perpendiculaire à l'un des plans de projections. — Vraie grandeur de la Section.*

Soit la pyramide $sabc$, $s'a'b'c'$ (*fig.* 52) coupée par le plan $P\omega P'$ perpendiculaire au plan horizontal. Les points d, e, f sont les projections horizontales de l'intersection des arêtes par le plan. Des perpendiculaires à la ligne de terre en donnent les projections verticales en d', e', f' (*n°*70). On voit donc que la section triangulaire a pour projections la droite def et le triangle $d'e'f'$. — La vraie grandeur de la section s'obtient en la construisant dans son plan rabattu, ce qui se fait en rabattant chacun de ses sommets sur l'un des plans de projections. On a appliqué les explications du *n°* 74 pour rabattre la section $D_1E_1F_1$ sur le plan horizontal; et en $D_2E_2F_2$ sur le plan vertical. Dans le cas où l'espace manquerait sur l'épure, on pourrait faire le rabattement sur le plan vertical en $D_3E_3F_3$.

PROBLÈMES A RÉSOUDRE.

20. Représenter un point situé dans un plan de profil sachant qu'il est dans l'angle antérieur supérieur à 4cm. du plan vertical et à 5cm. du plan horizontal.

21. Représenter un point situé dans un plan perpendiculaire au plan vertical et faisant avec le plan horizontal un angle de 30°. Le point est dans l'angle antérieur supérieur à 5cm. du plan horizontal et à 7cm. du plan vertical.

22. Trouver l'intersection d'une droite et d'un plan perpendiculaire au plan vertical et faisant avec le plan horizontal un angle 40°. La droite est donnée par deux points A et B dont les distances sont : au plan horizontal 7cm. et 9cm.; au plan vertical 6cm. et 8cm.. Le point A est dans l'angle (1) ; le point B est dans l'angle (3). La projection horizontale *ab* égale 5cm..

23. Rabattre cette droite sur les deux plans de projections.

24. Se donner les projections des sommets d'un triangle situé dans un plan perpendiculaire au plan horizontal. Rabattre le plan de ce triangle sur l'un des plans de projections. Construire sur ce rabattement le point de rencontre des bissectrices de ce triangle, et déterminer ses projections. Chercher de même les projections d'une hauteur de ce triangle.

25. Faire remarquer que quand on rabat sur le plan horizontal un plan qui lui est perpendiculaire pour avoir la vraie grandeur d'une figure qui y est contenue, c'est comme si on faisait un changement de plan vertical parallèle à la figure.

26. Par un point donné par ses projections, mener un plan perpendiculaire au plan horizontal et faisant un angle de 37° avec le plan vertical.

27. Etant données les projections d'une droite de l'espace, trouver sur elle un point à égale distance de deux droites données sur le plan horizontal.

28. Construire les projections d'un prisme oblique à base pentagonale régulière, reposant sur le plan horizontal. Le rayon du cercle circonscrit à la base égale 3cm. ; son centre est à 6cm. de la ligne de terre ; le sommet de la base le plus rapproché de LT en est distant de 33mm. et est situé à gauche du centre. Les arêtes du prisme sont parallèles au plan vertical et ont une longueur de 14cm. Sa hauteur est égale à 7cm. Le couper par un plan perpendiculaire au plan vertical et faisant un angle de 60° avec le plan horizontal. Donner au plan une position telle que toutes les arêtes du prisme

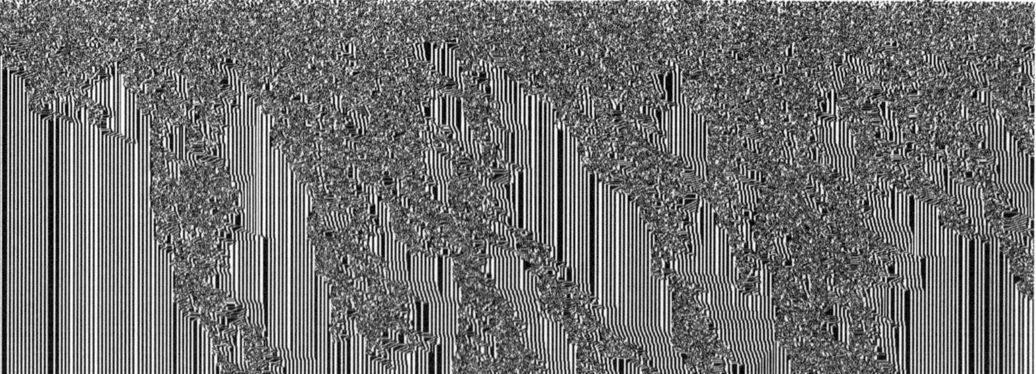

www.ingramcontent.com/pod-product-compliance
Ingram Content Group UK Ltd.
Pitfield, Milton Keynes, MK11 3LW, UK
UKHW020956220726
13924UKWH00002B/724